KB276034

8
6
4
9
1

8
6
4
9
1

예스북

POCKET SUDOKU 2
By Nikoli Co. Ltd.

세계는 지금 왜 스도쿠에 열광하는가? 이는 스도쿠가 논리적이고 독특한 해결책을 가진 미로이기 때문이다. 이 책에서는 중급 수준의 문제만 실었다. 처음 스도쿠에 도전하는 분은 초급부터 시작할 것을 추천한다. 하지만 처음부터 중급을 시작했다고 하더라도 어려워하지는 말 것! 초급과 중급은 단순한 논리만 있으면 쉽게 해결할 수 있으니, 막다른 길에 다다르거나 길을 잃을 일은 거의 없기 때문이다.

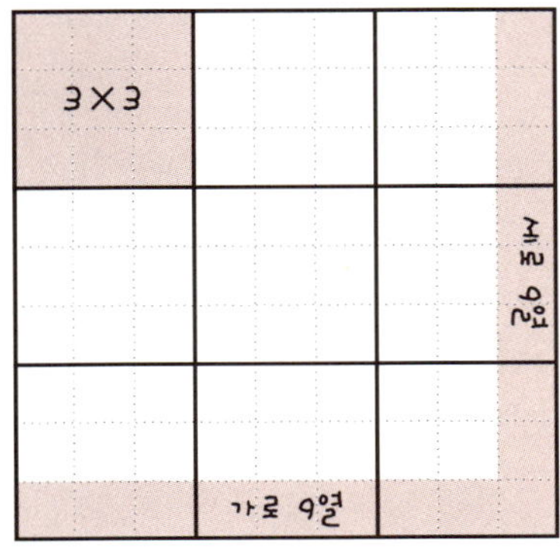

1. 빈 칸에 1부터 9까지의 숫자 중 하나를 채워 넣는다.
2. 가로(9열), 세로(9열), 두꺼운 선으로 둘러쳐진 3×3블록(각각 9칸 있는 3×3블록이 9개 있다)의 어느 곳이든 1~9까지의 숫자가 한 번씩 들어간다.

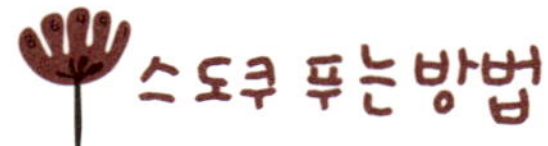

가로 9열, 세로 9열, 3×3 블록이 9개 있다. 모두 1~9의 숫자를 겹치지 않게 하나씩 채워 넣으면 된다. 추측으로 넣어서는 안 된다. 스도쿠는 논리적인 퍼즐이기 때문이다.

아래의 문제를 풀어보자.
1권 EASY편에서 익혔던 규칙을 이용하여 풀도록 하자.
잊지 말아야 할 규칙 하나! 하나의 숫자에 주목하여 푸는 것이다.

	A1	A2	A3	A4	A5	A6	A7	A8	A9
B1	7				6				
B2			5				9		
B3			9	4			6	①	
B4	8	5				3			
B5		9						2	
B6				2				3	①
B7		4	8			5	2		
B8			3				4		
B9					8		㉮		5

우선 1에 주목해보자.

오른쪽 아래의 3×3블록에는 아직 1이 없으므로 비어 있는 6칸 어딘가에 1을 넣어야 한다. 가장 오른쪽의 A9 세로열과 그 옆 A8 세로열에는 1이 있다. 이미 1이 들어 있는 열에는 1을 넣을 수 없으므로 이 블록에서 1을 넣을 수 있는 칸은 ㉮밖에 없다.

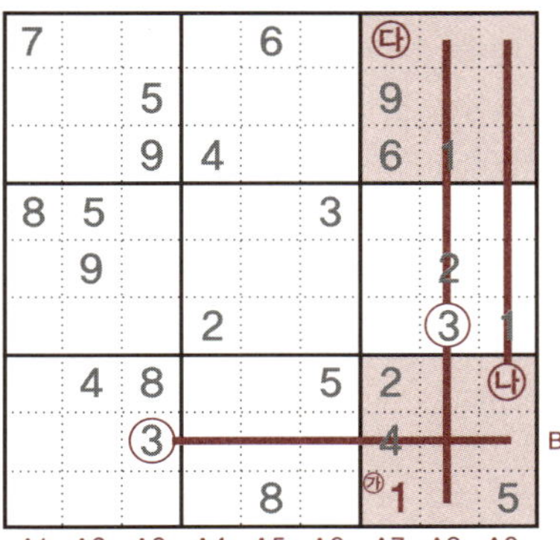

다음은 3에 주목하자.

3이 들어갈 수 있는 칸은 A8 세로열의 3, B8 가로열의 3과는 다른 열이다. 그리고 ㉮에 이미 1이 들어가 있으므로 3이 들어갈 수 있는 칸은 ㉯ 칸 밖에 없다. ㉯에 3이 들어가면 A8, A9에 3이 있기에 ㉰에도 3이 들어간다. 이와 같이 생각해 나가면 그 사이에 들어갈 숫자를 모두 알 수 있을 것이다.

7				6		3	5		
		5		3		9			
	3	9	4	5		6	1		
⑧	5	2			3				B4
3	9	1	5			Ⓐ	2	Ⓑ	
			2		Ⓒ	5	3	1	
	4	8			5	2		3	
5		3				4			
			3	⑧	4	1		5	

스도쿠의 절대법칙 하나!

어떤 열이든 1~9 숫자는 반드시 한번만 들어가야 한다는 것이다. 오른쪽 중간 단의 맨 오른쪽 블록에서 8이 들어가는 칸은 Ⓐ나 Ⓑ 둘 중 하나다. 왜냐하면 이미 네 번째 가로 열 B4에 8이 있기 때문이다. 이는 이 퍼즐을 푸는데 좋

은 힌트가 된다. 정 가운데 블록에서 5의 오른쪽 두 칸에도 8이 들어가지 않는다는 것을 알았으므로 8이 들어가는 것은 ⓒ밖에 없다.

7				6		3	5		
		5		3		9			
	3	9	4	5		6	1		
⑧	5	2			3	Ⓓ			B4
3	9	1	5			Ⓐ	2		
			2		ⓒ8	5	3	1	
	4	8			5	2		3	
5		3				4			
			3	8	4	1		5	
						A7			

다음은 오른쪽에서 세 번째 세로열 A7을 살펴보자. 비어 있는 칸은 Ⓐ와 Ⓓ 두 개뿐이며 A7에 넣어야할 숫자는 7과 8이다. Ⓓ의 가로열 B4에는 이미 8이 들어가 있으므로 Ⓓ에는 8을 넣지 못한다. 따라서 8은 Ⓐ에 들어가고 Ⓓ에는 7이 들어가는 것이다.

⑦				6		3	5		
		5		3		9			
Ⓕ	3	9	4	5	Ⓖ	6	1	Ⓔ	B3
⑧	5	2			3	Ⓓ7			
3	9	1	5			Ⓐ8	2		
			2		ⓒ⑧	5	3	1	
	4	8			5	2		3	
5		3				4			
			3	8	4	1		5	
A1					A6				

위에서 세 번째 가로열 B3로 가보자. 비어 있는 것이 Ⓔ, Ⓕ, Ⓖ 세 칸이다. 그리고 남은 숫자는 2, 7, 8이다. Ⓕ의 세로열 A1에는 원래 8이 있고 A6의 ⓒ에 8이 들어가 있으므로 Ⓖ에도 8이 들어가서

는 안 된다. 따라서 이 B3열에서 8이 들어가는 것은 Ⓔ가 된다.
지금의 경우 Ⓕ 칸에는 2, 7, 8 중 7과 8이 들어갈 수 없으므로 들어가는 것은 2밖에 없다고 생각하는 방법도 있다. 이렇게 해서 남은 Ⓖ에는 7이 들어간다.

7				⑥		3	5		
		5		3		9			
Ⓕ2	3	9	4	5	Ⓖ⑦	6	1	Ⓔ8	
8	5	2			3	Ⓓ7			
3	9	1	5	Ⓘ	Ⓗ	Ⓐ8	2	Ⓑ	B5
			2		Ⓒ8	5	3	1	
	4	8			5	2		3	
5		3				4			
			3	8	④	1		5	
					A6			A9	

다음은 위에서 다섯 번째 가로열 B5를 살펴보도록 하자. 남은 세 칸에 들어갈 숫자는 4, 6, 7이다. A6에 7과 4가 들어가 있으므로 Ⓗ에 들어갈 숫자는 6이 된다. A9에 1이 있으므로 Ⓑ에는 4가 되고, 나머지 Ⓘ에는 7이 들어간다.

다음은 꼼꼼히 살펴보면 풀 수 있을 것이다.

여기서 설명한 요령 이외에도 사고방식은 몇 가지가 더 있다. 그리고 기본적인 사고방식은 같아도 약간 다른 형태의 것도 있다. 하나도 놓치지 않기 위해 상당한 주의력이 필요하다.
아무리 따져도 다음 순서로 넘어가지 못하는 경우에는 잠시 눈을 돌렸

다가 다시 시작하면 보이기도 한다. 한 곳에만 치중하지 말고 이곳저곳을 살피는 것이 스도쿠를 푸는 요령이다.

스도쿠는 잘못된 것을 알았을 때는 이미 어디로 되돌아가야할 지 갈피를 잡지 못한다. 그럴 때는 처음부터 다시 시작해야 빨리 풀 수 있다.

이 책 한 권을 다 풀면 3권(Hard)이 당신을 기다리고 있을 것이다.

스도쿠가 즐거운 게임이 되는 날을 기대한다.

LEVEL 1

SUDOKU

Question 1

				5				
8			9		7			2
		4				7		
	9			1			3	
4			7		5			1
	5			4			6	
		8				4		
3			2		1			6
				7				

DATE : ....

TIME : ....

Question 2

				7			9	
	6				1			4
8			4			2		
1			2			6		
	4			8			2	
		7			3			5
		8			9			1
3			1				6	
	2			4				

DATE : ....

TIME : ....

Question 3

	2						5	6
4	7							9
			3		2	4		
		2	9			5		
		6			3	9		
		8	1		4			
2							6	3
6	9						7	

DATE : ....

TIME : ....

Question 4

		9		2		4		
	7						9	
1				9				2
	9		5		7		6	
6								8
	3		4		1		5	
9				5				3
	4						1	
		3		1		8		

DATE : ....

TIME : ....

Question 5

	5			6			7	
3			9					8
			1			9		
	9	8			3			
5								3
			4			8	5	
		4			5			
7					1			5
	1			2			4	

DATE : ....

TIME : ....

Question 6

6						5		
	2				7	3		
		3		6				
			1	3		6	5	
		5				1		
	9	4		2	6			
				8		7		
		9	7				3	
		1						9

DATE : ....

TIME : ....

Question 7

		9	2	6				
			7					2
	3						6	1
5	9			3				
			1		8			
				5			3	4
7	5						8	
2					6			
				2	1	3		

DATE : ....

TIME : ....

Question 8

9			2				3	
	8			3				4
		5						
		4			5			6
	3			9			1	
8			7			3		
						4		
1				8			2	
	7				6			5

DATE : ....

TIME : ....

Question 9

		3			4			7
	6						3	
4				8		5		
			7		2			1
		4				6		
2			3		5			
		1		5				2
	3						9	
7			9			4		

DATE : ....

TIME : ....

Question 10

					6		3	
1		7		3		2		
	9				8		5	
5		4						
	1			6			2	
						3		9
	3		5				8	
		8		7		9		4
	4		1					

DATE : ....

TIME : ....

Question 11

	6			3				2
4			1				6	
		7				4		
	2				6			
1				2				9
			3				4	
		2				8		
	3				8			6
7				4			5	

DATE : ....

TIME : ....

Question 12

		9						2
	4		5					1
3				2			6	
4			1			9		
			7		5			
		5			9			7
	2			8				5
6					2		4	
1						3		

DATE : ....

TIME : ....

Question 13

		2				7		
	4		5		9		1	
3								4
	9			4			5	
			2		6			
	8			1			2	
9								5
	6		4		5		3	
		7				2		

DATE : ....

TIME : ....

Question 14

	5						7	
2				1	9			5
				8				
	7		8		3			
	4	5				2	3	
			2		7		1	
				2				
4			3	6				8
	6						5	

DATE : ....

TIME : ....

Question 15

		2			8			1
	7			9			8	
4			2			7		
6			5					
	9			8			3	
					2			4
		5			4			7
	1			2			6	
8			7			5		

DATE : ....

TIME : ....

LEVEL 2

Question 16

				4	7			
		9	5			4		
	7						1	
7			1		2		8	
1								6
	6		7		8			9
	2						4	
		8			9	3		
			3	5				

DATE : ....

TIME : ....

Question 17

	9						6	
4			3	6	5			7
				4				
		2				4		
		7	1		6	5		
		3				6		
				7				
1			9	2	3			8
	5						1	

DATE : ....

TIME : ....

Question 18

				5				
3	1						2	4
		9	2		6	1		
		2				4		
	7			1			9	
		6				8		
		3	6		1	7		
5	6						1	9
				4				

DATE : ....

TIME : ....

Question 19

4						8	5	
1				9	3			
	2		4				6	
	3		7			6		
6								1
		1			6		4	
	6				8		9	
			3	5				6
	7	3						4

DATE : ....

TIME : ....

Question 20

		1						
	9		3				4	
5					4	6		8
3			5	2				
	2						1	
				9	1			4
2		7	6					9
	6				8		2	
						1		

DATE : ....

TIME : ....

Question 21

					5			
4	5	9			6	1	8	
		7					4	
		8	7	2			5	
	6			5	1	7		
	3					6		
	9	4	2			5	7	3
			1					

DATE : ....

TIME : ....

Question 22

		8				3		
	1		9				5	
4					5	8		
6				9				
	9	5				4	2	
				5				9
		2	6					4
	4				2		3	
		7				1		

DATE : ....

TIME : ....

Question 23

4				9				2
	1		5				8	
5				7				6
	3				2		1	
8				3				9
	5		4				7	
3				1				5
	8				9		2	
2				6				8

DATE : ....

TIME : ....

Question 24

				8		2		
			1				4	
		4		5		3		7
	9		6				1	
	1				3		5	
2		3		4		8		
	6				5			
		7		3				

DATE : ....

TIME : ....

Question 25

5							9	1
3				6				
				5	9			
		7	8		5			
	9	5				3	4	
			4		1	6		
			6	2				
				1				9
8	1							5

DATE : ....

TIME : ....

Question 26

	4					8		
			8		3			7
6		8		2		3		
	9						6	
			1		9			
	1						4	
		7		3		1		4
8			2		7			
		1					8	

DATE : ....

TIME : ....

Question 27

						8		
	8				4		2	
5		9		6		4		
	4		1		3			
		5		9		7		
			8		6		9	
		8		4		9		6
	5		7				3	
		7						

DATE : ....

TIME : ....

SUDOKU Level 2

Question 28

9	8			1			4	7
6								8
			5		6			
		6				3		
2				9				4
		8				9		
			1		2			
7								5
5	3			4			1	9

DATE : ....

TIME : ....

Question 29

7			2				5	
3		5		9			2	
		6			8			
	4				7			
5								3
			1				8	
			6			3		
	1			7		6		5
	5				3			4

DATE : ....

TIME : ....

Question 30

	6			7				3
		2	8				9	
						1		
		4			2			1
	3		9		1		2	
8			6			9		
		8						
	9				4	5		
1				5			3	

DATE : ....

TIME : ....

Question 31

2			7				5	
	4			6		3		8
		9						6
			8				9	
			1		7			
	8				4			
8						4		
9		5		3			8	
	7				5			3

DATE : ....

TIME : ....

Question 32

		9			5			
	5		8				4	
		4				3		1
7				8			6	
			3		1			
	1			9				8
9		3				5		
	7				4		8	
			9			7		

DATE : ....

TIME : ....

Question 33

7					8			
	8			6				9
		2	1				4	
8								5
	1			7			9	
3								2
	4				3	1		
6				4			7	
			9					6

DATE : ....

TIME : ....

Question 34

		2		4	5		3	
		4					9	
			1			5		
				7	8			1
	4						2	
9			3	6				
		5			3			
	3					7		
	9		4	1		6		

DATE : ....

TIME : ....

Question 35

6	9		4				1	2
2			1					7
				2				
						9	5	
			2		4			
	8	3						
				8				
3					1			6
1	6				9		2	4

DATE : ....

TIME : ....

Question 36

		9			6	3		
	6			4			2	
2			8					7
	8				5			
		5				4		
			2				9	
5					1			4
	4			8			7	
		1	7			8		

DATE : ....

TIME : ....

Question 37

		7						
	5		2			1		3
		4		8			5	
			4				7	
5		6				8		4
	1				6			
	6			1		4		
3		9			5		2	
						7		

DATE : ....

TIME : ....

Question 38

		5	1			7		
	4			9			5	
7					8			3
	5						2	
			3		2			
	6						1	
2			8					5
	8			2			4	
		4			7	6		

DATE : ....

TIME : ....

Question 39

	3	5					7	8
4					2	1		
				9				
		6	2				5	
	8						1	
	2				7	3		
				4				
		7	3					1
2	1					8	4	

DATE : ....

TIME : ....

Question 40

			1					3
	6	1			3	8		
4				5			7	
	3	4			7	2		
		5	4			9	3	
	5			9				6
		9	3			7	1	
7					6			

DATE : ....

TIME : ....

Question 41

4	1				9		6	2
3			4					9
				8				
	7					1		
			7		6			
		9					8	
				4				
6					7			5
8	2		5				9	3

DATE : ....

TIME : ....

Question 42

8					1			
	2			6				
		1	8			9		3
						4		7
	8			4			1	
6		9						
1		7			3	6		
				7			9	
			5					8

DATE : ....

TIME : ....

Question 43

	2	3				1		
			3					2
8			6					7
				4		8	6	
			2		1			
	4	8		9				
7					2			5
3					4			
		1				7	8	

DATE : ....

TIME : ....

Question 44

	9				7	2		
1			5				4	
		3		9				6
	4				3			7
		7				5		
8			4				3	
7				4		6		
	5				1			3
		8	3				2	

DATE : ....

TIME : ....

Question 45

9			3	5			1	
		3			2			4
		7						
	8				5	7		
	2						3	
		4	7				5	
						2		
8			1			5		
	5			6	9			7

DATE : ....

TIME : ....

Question 46

			6			1		
	4							7
		2	3			8	4	
1				8	7			
	9						1	
			2	4				6
	2	6			8	9		
8							5	
		7			5			

DATE : ....

TIME : ....

Question 47

	4			5				
		6	9			7	1	
				1				9
1		9			4			
	8			6			7	
			3			5		4
5				7				
	9	3			6	8		
				3			2	

DATE : ....

TIME : ....

Question 48

	3	9			8			
4				1				9
			6				7	
	9				3	7		
1				6				2
		6	4				1	
	8				9			
3				2				4
			7			8	2	

DATE : ....

TIME : ....

Question 49

		8	7					
	9						7	6
5					6	2		
				9			2	
		7	4		5	1		
	3			1				
		9	2					7
3	6						9	
					4	5		

DATE : ....

TIME : ....

Question 50

	4	6						3
			2		3			4
			6		1			
5						7		
4		9				6		8
		2						5
			8		6			
1			3		4			
2						9	3	

DATE : ....

TIME : ....

Question 51

		1			4			9
	4			7			2	
5			6			1		
	2				8			
		5		4		9		
			5				6	
		8			1			7
	1			6			9	
9			3			5		

DATE : ....

TIME : ....

Question 52

		1		2	5			
	7						6	
		8				2		7
3				9				
9			2		4			5
				8				6
4		5				8		
	9						7	
			8	3		6		

DATE : ....

TIME : ....

Question 53

		4				3		
	5		1		6		2	
		2				9		
2				9				7
			8		4			
3				1				6
		5				2		
	8		4		9		1	
		1				8		

DATE : ....

TIME : ....

Question 54

		8		1				9
	6				7		2	
4			9			6		
	5			9			6	
		1				9		
	4			2			8	
		4			6			5
	1		8				3	
2				7		4		

DATE : ....

TIME : ....

Question 55

	4							3
	7							6
		2	5			1	9	
3				4	5			
1								8
			3	9				1
	8	4			9	3		
7							1	
6							2	

DATE : ....

TIME : ....

Question 56

	2		4		6		5	
		5		8		4		7
	7		6		4		3	
	5		2		9		6	
1		8		5		9		
	4		8		2		7	

DATE : ....

TIME : ....

Question 57

1				9			3	
	6				3			1
		2				4		
			8		2		6	
2								9
	1		7		9			
		3				2		
4			9				7	
	8			4				5

DATE : ....

TIME : ....

Question 58

			8			7	3	
		3	6					8
	1	8						4
5	6				7			
				3				
			4				9	6
8						2	5	
9					2	3		
	4	1			5			

DATE : ....

TIME : ....

Question 59

	5			4			8	
		1			7			2
	7			3			5	
		3			4			
8				9				5
			7			8		
	3			7			9	
7			2			4		
	4			8			3	

DATE : ....

TIME : ....

Question 60

		1	8					
	6			1		7		
		4	2		3			6
	4				8			
		2		6		3		
			5				8	
8			3		7	2		
		7		2			5	
					5	6		

DATE : ....

TIME : ....

Question 61

				4	2			
8	6					9	2	
		5	9					3
					9	6		
5	7						3	1
		6	5					
4					7	2		
	5	7					8	4
			2	3				

DATE : ....

TIME : ....

Question 62

			5				6	
6		7		9		3		2
	1				4			
			7				5	
		8				7		
	2				9			
			1				3	
2		3		8		5		7
	6				5			

DATE : ....

TIME : ....

LEVEL 3

Question 63

		7			9			
	1			6		4		
2				3			7	
	4							2
		3	5		8	1		
7							5	
	3			7				6
		4		5			9	
			2			5		

DATE : ....

TIME : ....

Question 64

			6				9	
8		6		5		2		
	5				3		4	
						1		3
			1		6			
1		7						
	6		7				5	
		2		6		4		1
	4				8			

DATE : ....

TIME : ....

Question 65

		3			8			5
		9			3			6
	2			5			4	
7		6						
			4	6	1			
						1		2
	5			7			3	
9			2			6		
4			9			5		

DATE : ....

TIME : ....

Question 66

1								6
		5	3		7	8		
				8				
		3				2		
6	2		1		4		5	9
		1				7		
				1				
		9	2		3	4		
5								8

DATE : ....

TIME : ....

Question 67

5				1				3
			6		2			
		7				9		
	2	3				1	5	
			1		8			
	8	5				7	9	
		1				3		
			7		3			
4				2				6

DATE : ....

TIME : ....

Question 68

		4	7			5		
	2			5			3	
3								9
			5		9			2
	5						6	
4			8		6			
9								7
	7			1			4	
		1			8	3		

DATE : ....

TIME : ....

Question 69

7	8	5						9
					8	2		
				6			8	
	4	3			9	8		
5								3
		1	3			4	6	
	2			3				
		8	1					
1						9	2	7

DATE : ....

TIME : ....

Question 70

		1	8					
	5			6		2		4
		9	7				1	
							5	
3		2				8		7
	7							
	9				2	6		
4		3		5			9	
					1	7		

DATE : ....

TIME : ....

Question 71

	8					7	5	
1			3	4				6
6					9			
		5					4	
	4			9			2	
	7					6		
			8					1
7				1	5			4
	1	9					6	

DATE : ....

TIME : ....

Question 72

			5					
9		1		3			2	
	2				4			9
						6		1
	4			5			9	
8		3						
4			9				6	
	5			1		3		4
					7			

DATE : ....

TIME : ....

Question 73

5					7	6		
	3			1				
1					5		8	
	9		8				2	
		1				9		
	2				6		7	
	7		3					6
				2			3	
		4	1					7

DATE : ....

TIME : ....

Question 74

			9					
	1	9					3	
3					5	9		7
				6			2	
		4	7		3	1		
	7			8				
9		5	2					8
	8					6	4	
					1			

DATE : ....

TIME : ....

Question 75

5	4							7
		2			3	8		
			2				9	
	1				5			
6		8				9		4
			1				8	
	7				2			
		6	7			3		
3							6	8

DATE : ....

TIME : ....

Question 76

					8			
		1	5		7			6
		2	6				1	
		9	1				8	
8								7
	2				9	4		
	4				2	5		
3			8		4	7		
			9					

DATE : ....

TIME : ....

Question 77

				9				
8			2		4			9
		7				8		
		9				7		
1	4		9		6		8	2
		2				4		
		6				5		
2			4		8			3
				6				

DATE : ....

TIME : ....

Question 78

			7		3			
		2				1		
	6		4		1		9	
2		1				4		9
9		5				2		1
	3		6		4		8	
		7				5		
			5		7			

DATE : ....

TIME : ....

Question 79

6	8					2	9	
				4	7			5
		3	6					
	4				2	8		
	2						1	
		5	3				2	
					6	5		
7			5	9				
	1	9					4	8

DATE : ....

TIME : ....

Question 80

	3		9				5	
5		6		8				3
							8	
			3		6			9
	9						7	
4			5		7			
	2							
6				4		3		2
	7				9		6	

DATE : ....

TIME : ....

Question 81

				5	6			
	3							9
		4	9			6	8	
9				7	1			
	8						3	
			5	8				4
	2	5			3	8		
1							2	
			8	1				

DATE : ....

TIME : ....

Question 82

				6		4		
		6	7				5	
	3							2
7			3		9			1
	4						6	
2			6		4			7
4							1	
	2				6	5		
		5		8				

DATE : ....

TIME : ....

Question 83

7			3					4
		9				3		
	4			2	1			
6			1				4	
		8				9		
	1				7			8
			7	8			9	
		5				7		
2					4			6

DATE : ....

TIME : ....

Question 84

				6				
		5				3		
	6		2		9		1	
5		3				9		2
			4		3			
1		7				8		4
	9		6		8		4	
		2				1		
				5				

DATE : ....

TIME : ....

Question 85

	4			6			1	
9	2						7	4
				9				
			4		5			
2		9				3		8
			3		9			
				3				
4	6						5	7
	7			4			6	

DATE : ....

TIME : ....

Question 86

8			6				3	
		1				8		
	7				8			2
1			8				6	
		7				2		
	5				2			4
5			9				8	
		6				3		
	3				5			9

DATE : ....

TIME : ....

Question 87

					6		3	
6				1		9		
	8				2		4	
1		6				4		
			4		9			
		8				7		9
	5		8				2	
		1		5				8
	4		6					

DATE : ....

TIME : ....

Question 88

	5		9		4		7	
9				7				5
		1				8		
8								4
	7			5			1	
2								3
		3				1		
1				4				8
	8		6		7		9	

DATE : ....

TIME : ....

Question 89

4	2				7	1		
		9	6				5	
				4				
7			2		3			
		3				6		
			4		1			2
				5				
	3				6	9		
		5	1				8	4

DATE : ....

TIME : ....

Question 90

		6	7					
		4	8					
9	3				1	6		
7	6				9	8		
		1	5				2	4
		9	1				3	6
					7	9		
					2	1		

DATE : ....

TIME : ....

Question 91

1					9			
	2			3		6		9
9				4			5	
	8		5					
		5				9		
					8		1	
	3			7				5
7		6		2			4	
			9					3

DATE :

TIME :

Question 92

		2	9					
7	5					9	4	
				7	6			
		6	8					
3	1						5	4
					5	2		
			7	1				
	4	9					6	1
					2	3		

DATE : ....

TIME : ....

Question 93

	2				4	6		
	1			8				
7				3				5
		1	5				9	
	4						5	
	9				8	2		
2				6				3
				2			7	
		3	7				1	

DATE : ....

TIME : ....

Question 94

		9			5			
	7		4			2		
4				8			1	
	2		5					9
		3				1		
8					2		5	
	4			5				3
		7			8		6	
			1			8		

DATE : ....

TIME : ....

Question 95

	5		9			7		
9				1			5	
		3			6			1
		4					7	
7			2		1			6
	3					9		
1			7			5		
	8			4				9
		2			5		6	

DATE : ....

TIME : ....

Question 96

9						2		
			8				5	
	2	5		6				1
7					3	4		
	1						6	
		6	2					3
8				5		6	2	
	4				9			
		3						9

DATE : ....

TIME : ....

Question 97

			9	5			8	
		8						4
	6			7				1
4					5	3		
	9						2	
		7	2					5
1				6			7	
3						9		
	4			3	1			

DATE : ....

TIME : ....

Question 98

1	2				6			
		6				7		
			7				9	6
4	1				5			
		5				8		
			9				6	3
2	5				3			
		8				1		
			6				5	4

DATE : ....

TIME : ....

Question 99

			6					
		4			3	2	5	
	7			4			3	
3			8				9	
		2				1		
	6				1			2
	9			3			4	
	4	1	7			9		
					6			

DATE :

TIME :

Question 100

1		6				7		5
	5		9		7		3	
2				7				1
		4				9		
9				5				8
	3		2		4		9	
5		8				4		7

DATE : ....

TIME : ....

Question 101

		2						
	8		5				4	
		5		4		9		7
			1		9		5	
		8				6		
	2		7		3			
3		9		7		1		
	5				2		7	
						3		

DATE : ....

TIME : ....

Question 102

					7	4	5	
		7				2		
3		5	1					
5	1				6			
9			3		2			6
			7				1	3
					3	1		7
		2				9		
	4	9	8					

DATE : ....

TIME : ....

Question 103

	8						7	
9				6				2
		7	8		4	1		
		5				8		
	7			2			9	
		6				4		
		2	3		8	5		
3				7				8
	6						3	

DATE : ....

TIME : ....

Question 104

	4						3	1
3					9	6		
			2	4				
		6	8					
	8	7				5	1	
					5	2		
				9	1			
		3	7					9
6	2						4	

DATE : ....

TIME : ....

Question 105

	1						2	
2			4	1				5
		6			8	9		
		2						8
	7		1		6		9	
9						4		
		9	2			7		
1				8	4			3
	2						4	

DATE : ....

TIME : ....

Question 106

				4	6			
		9	3			4	6	
	1							
	3			1				8
2			5		9			3
7				2			1	
							3	
	2	6			1	5		
			7	5				

DATE : ....

TIME : ....

Question 107

			1			4		
		8	7		2			
	7	5						9
9	3				6		4	
				4				
	6		3				7	5
7						6	3	
			9		3	7		
		1			5			

DATE : ....

TIME : ....

Question 108

4	9	8						
			8	4	5			
						8	4	7
8				7				2
2				5				1
5				9				4
3	4	6						
			7	6	1			
						6	9	8

DATE : ....

TIME : ....

Question 109

							2	
7	8				1		5	
		2		4		9		
	1		8		6			
		5				6		
			3		4		1	
		1		9		5		
	3		2				4	7
	7							

DATE : ....

TIME : ....

Question 110

8								1
9	6		5					
			6	8		4		
5	7					9	8	
				3				
	3	8					6	2
		1		7	2			
					4		2	9
2								5

DATE : ....

TIME : ....

Question 111

		7		2		3		
	5				8		4	
4								8
	4			8			7	
		9		6		8		
	1			3			2	
1								6
	2		5				3	
		4		9		2		

DATE : ....

TIME : ....

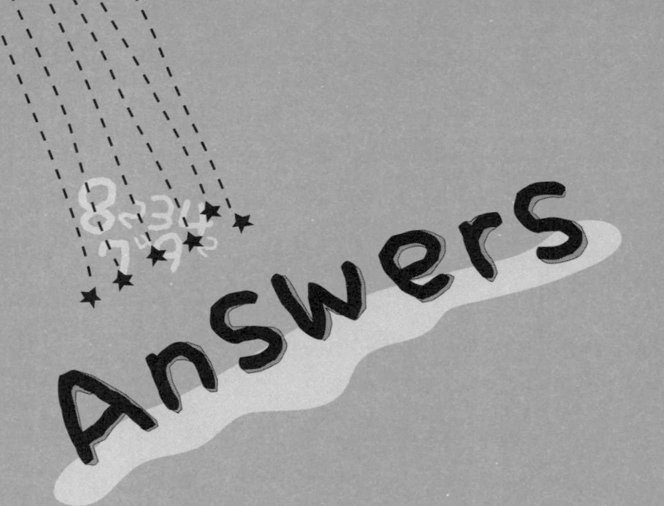

Answers

Answer 1

6	7	2	1	5	4	3	8	9
8	1	5	9	3	7	6	4	2
9	3	4	6	2	8	7	1	5
7	9	6	8	1	2	5	3	4
4	8	3	7	6	5	2	9	1
2	5	1	3	4	9	8	6	7
1	2	8	5	9	6	4	7	3
3	4	7	2	8	1	9	5	6
5	6	9	4	7	3	1	2	8

Answer 2

4	1	5	8	7	2	3	9	6
7	6	2	9	3	1	5	8	4
8	3	9	4	6	5	2	1	7
1	5	3	2	9	4	6	7	8
9	4	6	5	8	7	1	2	3
2	8	7	6	1	3	9	4	5
6	7	8	3	2	9	4	5	1
3	9	4	1	5	8	7	6	2
5	2	1	7	4	6	8	3	9

Answer 3

8	2	3	4	1	9	7	5	6
4	7	1	6	8	5	3	2	9
5	6	9	3	7	2	4	8	1
3	8	2	9	4	6	5	1	7
9	4	7	8	5	1	6	3	2
1	5	6	7	2	3	9	4	8
7	3	8	1	6	4	2	9	5
2	1	4	5	9	7	8	6	3
6	9	5	2	3	8	1	7	4

Answer 4

3	6	9	1	2	5	4	8	7
2	7	5	3	4	8	1	9	6
1	8	4	7	9	6	5	3	2
4	9	2	5	8	7	3	6	1
6	5	1	9	3	2	7	4	8
7	3	8	4	6	1	2	5	9
9	1	7	8	5	4	6	2	3
8	4	6	2	7	3	9	1	5
5	2	3	6	1	9	8	7	4

Answer 5

9	5	2	3	6	8	4	7	1
3	6	1	9	7	4	5	2	8
4	8	7	1	5	2	9	3	6
2	9	8	5	1	3	7	6	4
5	4	6	2	8	7	1	9	3
1	7	3	4	9	6	8	5	2
8	2	4	7	3	5	6	1	9
7	3	9	6	4	1	2	8	5
6	1	5	8	2	9	3	4	7

Answer 6

6	4	7	3	9	1	5	2	8
9	2	8	4	5	7	3	6	1
5	1	3	2	6	8	9	4	7
8	7	2	1	3	9	6	5	4
3	6	5	8	7	4	1	9	2
1	9	4	5	2	6	8	7	3
4	3	6	9	8	2	7	1	5
2	8	9	7	1	5	4	3	6
7	5	1	6	4	3	2	8	9

Answer 7

1	7	9	2	6	4	8	5	3
6	8	5	7	1	3	4	9	2
4	3	2	9	8	5	7	6	1
5	9	6	4	3	7	1	2	8
3	2	4	1	9	8	6	7	5
8	1	7	6	5	2	9	3	4
7	5	1	3	4	9	2	8	6
2	4	3	8	7	6	5	1	9
9	6	8	5	2	1	3	4	7

Answer 8

9	4	6	2	5	7	1	3	8
2	8	7	6	3	1	9	5	4
3	1	5	8	4	9	6	7	2
7	9	4	3	1	5	2	8	6
6	3	2	4	9	8	5	1	7
8	5	1	7	6	2	3	4	9
5	2	8	9	7	3	4	6	1
1	6	9	5	8	4	7	2	3
4	7	3	1	2	6	8	9	5

Answer 9

8	9	3	5	1	4	2	6	7
1	6	5	2	7	9	8	3	4
4	2	7	6	8	3	5	1	9
3	8	6	7	4	2	9	5	1
5	7	4	1	9	8	6	2	3
2	1	9	3	6	5	7	4	8
9	4	1	8	5	6	3	7	2
6	3	8	4	2	7	1	9	5
7	5	2	9	3	1	4	8	6

Answer 10

4	8	5	9	2	6	1	3	7
1	6	7	4	3	5	2	9	8
3	9	2	7	1	8	4	5	6
5	2	4	3	9	7	8	6	1
9	1	3	8	6	4	7	2	5
8	7	6	2	5	1	3	4	9
7	3	1	5	4	9	6	8	2
2	5	8	6	7	3	9	1	4
6	4	9	1	8	2	5	7	3

Answer 11

8	6	1	9	3	4	5	7	2
4	5	3	1	7	2	9	6	8
2	9	7	6	8	5	4	1	3
3	2	9	4	5	6	1	8	7
1	4	5	8	2	7	6	3	9
6	7	8	3	9	1	2	4	5
5	1	2	7	6	3	8	9	4
9	3	4	5	1	8	7	2	6
7	8	6	2	4	9	3	5	1

Answer 12

5	8	9	6	7	1	4	3	2
2	4	6	5	9	3	8	7	1
3	1	7	8	2	4	5	6	9
4	7	2	1	6	8	9	5	3
9	6	1	7	3	5	2	8	4
8	3	5	2	4	9	6	1	7
7	2	4	3	8	6	1	9	5
6	5	3	9	1	2	7	4	8
1	9	8	4	5	7	3	2	6

Answer 13

1	5	2	3	6	4	7	9	8
6	4	8	5	7	9	3	1	2
3	7	9	1	8	2	5	6	4
2	9	6	8	4	7	1	5	3
4	1	3	2	5	6	8	7	9
7	8	5	9	1	3	4	2	6
9	2	4	7	3	1	6	8	5
8	6	1	4	2	5	9	3	7
5	3	7	6	9	8	2	4	1

Answer 14

9	5	8	6	3	2	4	7	1
2	3	4	7	1	9	6	8	5
7	1	6	5	8	4	9	2	3
1	7	2	8	4	3	5	6	9
8	4	5	1	9	6	2	3	7
6	9	3	2	5	7	8	1	4
5	8	7	9	2	1	3	4	6
4	2	1	3	6	5	7	9	8
3	6	9	4	7	8	1	5	2

Answer 15

9	5	2	6	7	8	3	4	1
1	7	6	4	9	3	2	8	5
4	3	8	2	5	1	7	9	6
6	2	3	5	4	9	1	7	8
5	9	4	1	8	7	6	3	2
7	8	1	3	6	2	9	5	4
2	6	5	9	3	4	8	1	7
3	1	7	8	2	5	4	6	9
8	4	9	7	1	6	5	2	3

Answer 16

2	5	1	8	4	7	6	9	3
8	3	9	5	1	6	4	7	2
4	7	6	9	2	3	8	1	5
7	9	3	1	6	2	5	8	4
1	8	2	4	9	5	7	3	6
5	6	4	7	3	8	1	2	9
3	2	5	6	8	1	9	4	7
6	4	8	2	7	9	3	5	1
9	1	7	3	5	4	2	6	8

Answer 17

8	9	5	2	1	7	3	6	4
4	2	1	3	6	5	8	9	7
3	7	6	8	4	9	1	2	5
6	1	2	7	5	8	4	3	9
9	4	7	1	3	6	5	8	2
5	8	3	4	9	2	6	7	1
2	3	8	5	7	1	9	4	6
1	6	4	9	2	3	7	5	8
7	5	9	6	8	4	2	1	3

Answer 18

6	2	7	1	5	4	9	8	3
3	1	5	9	8	7	6	2	4
8	4	9	2	3	6	1	5	7
9	3	2	8	6	5	4	7	1
4	7	8	3	1	2	5	9	6
1	5	6	4	7	9	8	3	2
2	8	3	6	9	1	7	4	5
5	6	4	7	2	8	3	1	9
7	9	1	5	4	3	2	6	8

Answer 19

4	9	7	6	2	1	8	5	3
1	5	6	8	9	3	4	7	2
3	2	8	4	7	5	1	6	9
5	3	9	7	1	4	6	2	8
6	4	2	5	8	9	7	3	1
7	8	1	2	3	6	9	4	5
2	6	5	1	4	8	3	9	7
9	1	4	3	5	7	2	8	6
8	7	3	9	6	2	5	1	4

Answer 20

4	8	1	9	6	5	3	7	2
7	9	6	3	8	2	5	4	1
5	3	2	1	7	4	6	9	8
3	1	4	5	2	7	9	8	6
9	2	8	4	3	6	7	1	5
6	7	5	8	9	1	2	3	4
2	4	7	6	1	3	8	5	9
1	6	9	7	5	8	4	2	3
8	5	3	2	4	9	1	6	7

Answer 21

3	2	1	8	4	5	9	6	7
4	5	9	3	7	6	1	8	2
6	8	7	9	1	2	3	4	5
9	1	8	7	2	3	4	5	6
7	4	5	6	8	9	2	3	1
2	6	3	4	5	1	7	9	8
8	3	2	5	9	7	6	1	4
1	9	4	2	6	8	5	7	3
5	7	6	1	3	4	8	2	9

Answer 22

9	5	8	7	2	6	3	4	1
7	1	3	9	8	4	2	5	6
4	2	6	3	1	5	8	9	7
6	7	4	2	9	3	5	1	8
8	9	5	1	6	7	4	2	3
2	3	1	4	5	8	7	6	9
5	8	2	6	3	1	9	7	4
1	4	9	8	7	2	6	3	5
3	6	7	5	4	9	1	8	2

Answer 23

4	7	8	6	9	3	1	5	2
9	1	6	5	2	4	3	8	7
5	2	3	8	7	1	9	4	6
6	3	7	9	5	2	8	1	4
8	4	2	1	3	7	5	6	9
1	5	9	4	8	6	2	7	3
3	6	4	2	1	8	7	9	5
7	8	5	3	4	9	6	2	1
2	9	1	7	6	5	4	3	8

Answer 24

6	7	5	3	8	4	2	9	1
3	2	9	1	6	7	5	4	8
1	8	4	2	5	9	3	6	7
5	9	2	6	7	8	4	1	3
4	3	6	5	1	2	7	8	9
7	1	8	4	9	3	6	5	2
2	5	3	9	4	1	8	7	6
8	6	1	7	2	5	9	3	4
9	4	7	8	3	6	1	2	5

Answer 25

5	7	6	3	8	4	2	9	1
3	8	9	1	6	2	5	7	4
4	2	1	7	5	9	8	3	6
6	4	7	8	3	5	9	1	2
1	9	5	2	7	6	3	4	8
2	3	8	4	9	1	6	5	7
9	5	4	6	2	7	1	8	3
7	6	3	5	1	8	4	2	9
8	1	2	9	4	3	7	6	5

Answer 26

1	4	3	7	9	5	8	2	6
5	2	9	8	6	3	4	1	7
6	7	8	4	2	1	3	9	5
7	9	2	3	8	4	5	6	1
4	8	6	1	5	9	2	7	3
3	1	5	6	7	2	9	4	8
2	6	7	9	3	8	1	5	4
8	5	4	2	1	7	6	3	9
9	3	1	5	4	6	7	8	2

Answer 27

4	6	1	9	2	7	8	5	3
7	8	3	5	1	4	6	2	9
5	2	9	3	6	8	4	1	7
9	4	6	1	7	3	2	8	5
8	3	5	4	9	2	7	6	1
1	7	2	8	5	6	3	9	4
3	1	8	2	4	5	9	7	6
6	5	4	7	8	9	1	3	2
2	9	7	6	3	1	5	4	8

Answer 28

9	8	5	2	1	3	6	4	7
6	2	3	9	7	4	1	5	8
1	7	4	5	8	6	2	9	3
4	9	6	7	2	5	3	8	1
2	1	7	3	9	8	5	6	4
3	5	8	4	6	1	9	7	2
8	4	9	1	5	2	7	3	6
7	6	1	8	3	9	4	2	5
5	3	2	6	4	7	8	1	9

Answer 29

7	9	4	2	3	6	1	5	8
3	8	5	7	9	1	4	2	6
1	2	6	5	4	8	9	3	7
9	4	8	3	5	7	2	6	1
5	6	1	8	2	9	7	4	3
2	3	7	1	6	4	5	8	9
4	7	9	6	8	5	3	1	2
8	1	3	4	7	2	6	9	5
6	5	2	9	1	3	8	7	4

Answer 30

4	6	9	1	7	5	2	8	3
5	1	2	8	6	3	7	9	4
7	8	3	4	2	9	1	5	6
9	7	4	5	8	2	3	6	1
6	3	5	9	4	1	8	2	7
8	2	1	6	3	7	9	4	5
3	5	8	7	9	6	4	1	2
2	9	6	3	1	4	5	7	8
1	4	7	2	5	8	6	3	9

Answer 31

2	6	8	7	4	3	1	5	9
5	4	1	9	6	2	3	7	8
7	3	9	5	1	8	2	4	6
3	5	4	8	2	6	7	9	1
6	9	2	1	5	7	8	3	4
1	8	7	3	9	4	5	6	2
8	1	3	6	7	9	4	2	5
9	2	5	4	3	1	6	8	7
4	7	6	2	8	5	9	1	3

Answer 32

1	3	9	6	4	5	8	2	7
2	5	7	8	1	3	6	4	9
8	6	4	7	2	9	3	5	1
7	9	5	4	8	2	1	6	3
6	4	8	3	7	1	2	9	5
3	1	2	5	9	6	4	7	8
9	8	3	2	6	7	5	1	4
5	7	6	1	3	4	9	8	2
4	2	1	9	5	8	7	3	6

Answer 33

7	3	9	4	2	8	5	6	1
4	8	1	7	6	5	2	3	9
5	6	2	1	3	9	8	4	7
8	7	4	3	9	2	6	1	5
2	1	5	8	7	6	3	9	4
3	9	6	5	1	4	7	8	2
9	4	7	6	5	3	1	2	8
6	5	8	2	4	1	9	7	3
1	2	3	9	8	7	4	5	6

Answer 34

6	8	2	9	4	5	1	3	7
1	5	4	7	3	6	2	9	8
3	7	9	1	8	2	5	6	4
5	6	3	2	7	8	9	4	1
8	4	7	5	9	1	3	2	6
9	2	1	3	6	4	8	7	5
7	1	5	6	2	3	4	8	9
4	3	6	8	5	9	7	1	2
2	9	8	4	1	7	6	5	3

Answer 35

6	9	5	4	7	8	3	1	2
2	3	4	1	9	6	5	8	7
8	7	1	5	2	3	4	6	9
4	2	6	8	1	7	9	5	3
5	1	9	2	3	4	6	7	8
7	8	3	9	6	5	2	4	1
9	4	7	6	8	2	1	3	5
3	5	2	7	4	1	8	9	6
1	6	8	3	5	9	7	2	4

Answer 36

7	5	9	1	2	6	3	4	8
8	6	3	5	4	7	9	2	1
2	1	4	8	3	9	6	5	7
6	8	2	4	9	5	7	1	3
1	9	5	6	7	3	4	8	2
4	3	7	2	1	8	5	9	6
5	7	8	9	6	1	2	3	4
9	4	6	3	8	2	1	7	5
3	2	1	7	5	4	8	6	9

Answer 37

1	2	7	5	3	4	9	6	8
9	5	8	2	6	7	1	4	3
6	3	4	1	8	9	2	5	7
8	9	2	4	5	1	3	7	6
5	7	6	9	2	3	8	1	4
4	1	3	8	7	6	5	9	2
7	6	5	3	1	2	4	8	9
3	8	9	7	4	5	6	2	1
2	4	1	6	9	8	7	3	5

Answer 38

6	2	5	1	3	4	7	9	8
8	4	3	7	9	6	2	5	1
7	1	9	2	5	8	4	6	3
4	5	7	9	8	1	3	2	6
1	9	8	3	6	2	5	7	4
3	6	2	4	7	5	8	1	9
2	7	6	8	4	9	1	3	5
5	8	1	6	2	3	9	4	7
9	3	4	5	1	7	6	8	2

Answer 39

9	3	5	6	1	4	2	7	8
4	6	8	7	3	2	1	9	5
1	7	2	8	9	5	4	3	6
3	9	6	2	8	1	7	5	4
7	8	4	9	5	3	6	1	2
5	2	1	4	6	7	3	8	9
6	5	3	1	4	8	9	2	7
8	4	7	3	2	9	5	6	1
2	1	9	5	7	6	8	4	3

Answer 40

8	9	7	1	2	4	6	5	3
5	6	1	9	7	3	8	2	4
4	2	3	6	5	8	1	7	9
9	3	4	5	1	7	2	6	8
2	7	6	8	3	9	5	4	1
1	8	5	4	6	2	9	3	7
3	5	2	7	9	1	4	8	6
6	4	9	3	8	5	7	1	2
7	1	8	2	4	6	3	9	5

Answer 41

4	1	5	3	7	9	8	6	2
3	8	6	4	1	2	7	5	9
7	9	2	6	8	5	3	4	1
5	7	4	9	2	8	1	3	6
1	3	8	7	5	6	9	2	4
2	6	9	1	3	4	5	8	7
9	5	1	2	4	3	6	7	8
6	4	3	8	9	7	2	1	5
8	2	7	5	6	1	4	9	3

Answer 42

8	7	4	9	3	1	2	5	6
9	2	3	7	6	5	1	8	4
5	6	1	8	2	4	9	7	3
3	1	5	2	9	8	4	6	7
7	8	2	3	4	6	5	1	9
6	4	9	1	5	7	8	3	2
1	9	7	4	8	3	6	2	5
4	5	8	6	7	2	3	9	1
2	3	6	5	1	9	7	4	8

Answer 43

6	2	3	4	5	7	1	9	8
4	9	7	3	1	8	6	5	2
8	1	5	6	2	9	3	4	7
9	7	2	5	4	3	8	6	1
5	3	6	2	8	1	4	7	9
1	4	8	7	9	6	5	2	3
7	8	4	1	6	2	9	3	5
3	5	9	8	7	4	2	1	6
2	6	1	9	3	5	7	8	4

Answer 44

6	9	4	1	3	7	2	5	8
1	7	2	5	8	6	3	4	9
5	8	3	2	9	4	1	7	6
9	4	5	6	2	3	8	1	7
3	2	7	9	1	8	5	6	4
8	1	6	4	7	5	9	3	2
7	3	1	8	4	2	6	9	5
2	5	9	7	6	1	4	8	3
4	6	8	3	5	9	7	2	1

Answer 45

9	4	8	3	5	7	6	1	2
5	6	3	8	1	2	9	7	4
2	1	7	9	4	6	3	8	5
1	8	9	4	3	5	7	2	6
7	2	5	6	9	1	4	3	8
6	3	4	7	2	8	1	5	9
4	7	6	5	8	3	2	9	1
8	9	2	1	7	4	5	6	3
3	5	1	2	6	9	8	4	7

Answer 46

3	5	8	6	7	4	1	2	9
9	4	1	8	5	2	3	6	7
6	7	2	3	1	9	8	4	5
1	6	5	9	8	7	2	3	4
2	9	4	5	6	3	7	1	8
7	8	3	2	4	1	5	9	6
5	2	6	4	3	8	9	7	1
8	1	9	7	2	6	4	5	3
4	3	7	1	9	5	6	8	2

Answer 47

9	4	1	6	5	7	2	3	8
8	3	6	9	4	2	7	1	5
2	7	5	8	1	3	6	4	9
1	5	9	7	8	4	3	6	2
3	8	4	2	6	5	9	7	1
6	2	7	3	9	1	5	8	4
5	6	2	4	7	8	1	9	3
4	9	3	1	2	6	8	5	7
7	1	8	5	3	9	4	2	6

Answer 48

7	3	9	2	5	8	6	4	1
4	6	8	3	1	7	2	5	9
5	2	1	6	9	4	3	7	8
2	9	4	1	8	3	7	6	5
1	7	3	9	6	5	4	8	2
8	5	6	4	7	2	9	1	3
6	8	2	5	4	9	1	3	7
3	1	7	8	2	6	5	9	4
9	4	5	7	3	1	8	2	6

Answer 49

6	2	8	7	4	9	3	5	1
4	9	1	5	3	2	8	7	6
5	7	3	1	8	6	2	4	9
1	5	6	3	9	8	7	2	4
9	8	7	4	2	5	1	6	3
2	3	4	6	1	7	9	8	5
8	4	9	2	5	3	6	1	7
3	6	5	8	7	1	4	9	2
7	1	2	9	6	4	5	3	8

Answer 50

7	4	6	9	5	8	1	2	3
9	5	1	2	7	3	8	6	4
8	2	3	6	4	1	5	7	9
5	3	8	1	6	9	7	4	2
4	7	9	5	3	2	6	1	8
6	1	2	4	8	7	3	9	5
3	9	7	8	2	6	4	5	1
1	6	5	3	9	4	2	8	7
2	8	4	7	1	5	9	3	6

Answer 51

2	6	1	8	5	4	3	7	9
8	4	3	1	7	9	6	2	5
5	9	7	6	2	3	1	4	8
4	2	6	9	1	8	7	5	3
7	3	5	2	4	6	9	8	1
1	8	9	5	3	7	4	6	2
6	5	8	4	9	1	2	3	7
3	1	2	7	6	5	8	9	4
9	7	4	3	8	2	5	1	6

Answer 52

6	4	1	7	2	5	3	8	9
2	7	9	3	4	8	5	6	1
5	3	8	9	6	1	2	4	7
3	5	2	6	9	7	4	1	8
9	8	6	2	1	4	7	3	5
7	1	4	5	8	3	9	2	6
4	6	5	1	7	2	8	9	3
8	9	3	4	5	6	1	7	2
1	2	7	8	3	9	6	5	4

Answer 53

1	7	4	9	5	2	3	6	8
8	5	9	1	3	6	7	2	4
6	3	2	7	4	8	9	5	1
2	1	6	5	9	3	4	8	7
5	9	7	8	6	4	1	3	2
3	4	8	2	1	7	5	9	6
4	6	5	3	8	1	2	7	9
7	8	3	4	2	9	6	1	5
9	2	1	6	7	5	8	4	3

Answer 54

5	3	8	6	1	2	7	4	9
1	6	9	4	5	7	3	2	8
4	7	2	9	8	3	6	5	1
8	5	7	3	9	4	1	6	2
3	2	1	5	6	8	9	7	4
9	4	6	7	2	1	5	8	3
7	9	4	2	3	6	8	1	5
6	1	5	8	4	9	2	3	7
2	8	3	1	7	5	4	9	6

Answer 55

5	4	6	9	7	1	2	8	3
9	7	1	8	3	2	5	4	6
8	3	2	5	6	4	1	9	7
3	6	8	1	4	5	9	7	2
1	5	9	6	2	7	4	3	8
4	2	7	3	9	8	6	5	1
2	8	4	7	1	9	3	6	5
7	9	3	2	5	6	8	1	4
6	1	5	4	8	3	7	2	9

Answer 56

4	8	3	7	2	5	6	1	9
7	2	1	4	9	6	3	5	8
6	9	5	1	8	3	4	2	7
9	7	2	6	1	4	8	3	5
3	1	6	5	7	8	2	9	4
8	5	4	2	3	9	7	6	1
1	6	8	3	5	7	9	4	2
5	4	9	8	6	2	1	7	3
2	3	7	9	4	1	5	8	6

Answer 57

1	4	8	5	9	7	6	3	2
5	6	7	4	2	3	9	8	1
9	3	2	6	8	1	4	5	7
3	5	9	8	1	2	7	6	4
2	7	6	3	5	4	8	1	9
8	1	4	7	6	9	5	2	3
6	9	3	1	7	5	2	4	8
4	2	5	9	3	8	1	7	6
7	8	1	2	4	6	3	9	5

Answer 58

6	9	5	8	4	1	7	3	2
4	2	3	6	7	9	5	1	8
7	1	8	5	2	3	9	6	4
5	6	4	9	1	7	8	2	3
1	8	9	2	3	6	4	7	5
3	7	2	4	5	8	1	9	6
8	3	7	1	6	4	2	5	9
9	5	6	7	8	2	3	4	1
2	4	1	3	9	5	6	8	7

Answer 59

3	5	9	6	4	2	7	8	1
4	8	1	9	5	7	3	6	2
6	7	2	1	3	8	9	5	4
5	1	3	8	2	4	6	7	9
8	2	7	3	9	6	1	4	5
9	6	4	7	1	5	8	2	3
2	3	8	4	7	1	5	9	6
7	9	5	2	6	3	4	1	8
1	4	6	5	8	9	2	3	7

Answer 60

2	3	1	8	7	6	5	4	9
5	6	8	9	1	4	7	2	3
7	9	4	2	5	3	8	1	6
1	4	5	7	3	8	9	6	2
9	8	2	4	6	1	3	7	5
6	7	3	5	9	2	1	8	4
8	5	6	3	4	7	2	9	1
3	1	7	6	2	9	4	5	8
4	2	9	1	8	5	6	3	7

Answer 61

9	3	1	7	4	2	5	6	8
8	6	4	3	1	5	9	2	7
7	2	5	9	6	8	1	4	3
3	4	2	1	8	9	6	7	5
5	7	9	4	2	6	8	3	1
1	8	6	5	7	3	4	9	2
4	9	3	8	5	7	2	1	6
2	5	7	6	9	1	3	8	4
6	1	8	2	3	4	7	5	9

Answer 62

4	8	2	5	3	7	9	6	1
6	5	7	8	9	1	3	4	2
3	1	9	2	6	4	8	7	5
1	3	6	7	2	8	4	5	9
5	9	8	4	1	3	7	2	6
7	2	4	6	5	9	1	8	3
9	7	5	1	4	2	6	3	8
2	4	3	9	8	6	5	1	7
8	6	1	3	7	5	2	9	4

Answer 63

4	5	7	8	1	9	6	2	3
3	1	9	7	6	2	4	8	5
2	6	8	4	3	5	9	7	1
5	4	1	3	9	7	8	6	2
6	9	3	5	2	8	1	4	7
7	8	2	1	4	6	3	5	9
8	3	5	9	7	4	2	1	6
1	2	4	6	5	3	7	9	8
9	7	6	2	8	1	5	3	4

Answer 64

2	1	4	6	8	7	3	9	5
8	3	6	4	5	9	2	1	7
7	5	9	2	1	3	6	4	8
6	2	5	8	9	4	1	7	3
4	8	3	1	7	6	5	2	9
1	9	7	5	3	2	8	6	4
3	6	8	7	4	1	9	5	2
9	7	2	3	6	5	4	8	1
5	4	1	9	2	8	7	3	6

Answer 65

1	6	3	7	4	8	9	2	5
5	4	9	1	2	3	8	7	6
8	2	7	6	5	9	3	4	1
7	1	6	3	9	2	4	5	8
2	8	5	4	6	1	7	9	3
3	9	4	5	8	7	1	6	2
6	5	1	8	7	4	2	3	9
9	7	8	2	3	5	6	1	4
4	3	2	9	1	6	5	8	7

Answer 66

1	8	7	4	2	5	9	3	6
4	6	5	3	9	7	8	1	2
3	9	2	6	8	1	5	4	7
7	4	3	9	5	6	2	8	1
6	2	8	1	7	4	3	5	9
9	5	1	8	3	2	7	6	4
2	7	4	5	1	8	6	9	3
8	1	9	2	6	3	4	7	5
5	3	6	7	4	9	1	2	8

Answer 67

5	9	6	4	1	7	2	8	3
3	1	8	6	9	2	5	4	7
2	4	7	3	8	5	9	6	1
6	2	3	9	7	4	1	5	8
9	7	4	1	5	8	6	3	2
1	8	5	2	3	6	7	9	4
7	6	1	8	4	9	3	2	5
8	5	2	7	6	3	4	1	9
4	3	9	5	2	1	8	7	6

Answer 68

6	8	4	7	9	3	5	2	1
7	2	9	6	5	1	4	3	8
3	1	5	2	8	4	6	7	9
1	3	6	5	4	9	7	8	2
8	5	2	1	3	7	9	6	4
4	9	7	8	2	6	1	5	3
9	4	8	3	6	5	2	1	7
5	7	3	9	1	2	8	4	6
2	6	1	4	7	8	3	9	5

Answer 69

7	8	5	4	2	1	6	3	9
3	6	4	7	9	8	2	5	1
2	1	9	5	6	3	7	8	4
6	4	3	2	1	9	8	7	5
5	7	2	6	8	4	1	9	3
8	9	1	3	5	7	4	6	2
4	2	7	9	3	6	5	1	8
9	5	8	1	7	2	3	4	6
1	3	6	8	4	5	9	2	7

Answer 70

2	3	1	8	4	5	9	7	6
7	5	8	1	6	9	2	3	4
6	4	9	7	2	3	5	1	8
9	6	4	2	7	8	3	5	1
3	1	2	5	9	4	8	6	7
8	7	5	3	1	6	4	2	9
1	9	7	4	3	2	6	8	5
4	8	3	6	5	7	1	9	2
5	2	6	9	8	1	7	4	3

Answer 71

9	8	4	1	2	6	7	5	3
1	5	2	3	4	7	8	9	6
6	3	7	5	8	9	4	1	2
2	9	5	6	3	8	1	4	7
8	4	6	7	9	1	3	2	5
3	7	1	4	5	2	6	8	9
5	2	3	8	6	4	9	7	1
7	6	8	9	1	5	2	3	4
4	1	9	2	7	3	5	6	8

Answer 72

3	7	4	5	9	2	8	1	6
9	8	1	7	3	6	4	2	5
6	2	5	1	8	4	7	3	9
5	9	2	4	7	3	6	8	1
7	4	6	8	5	1	2	9	3
8	1	3	2	6	9	5	4	7
4	3	7	9	2	5	1	6	8
2	5	9	6	1	8	3	7	4
1	6	8	3	4	7	9	5	2

Answer 73

5	4	2	9	8	7	6	1	3
8	3	7	6	1	2	4	5	9
1	6	9	4	3	5	7	8	2
6	9	5	8	7	1	3	2	4
7	8	1	2	4	3	9	6	5
4	2	3	5	9	6	8	7	1
2	7	8	3	5	9	1	4	6
9	1	6	7	2	4	5	3	8
3	5	4	1	6	8	2	9	7

Answer 74

4	6	7	9	3	8	2	5	1
5	1	9	6	2	7	8	3	4
3	2	8	4	1	5	9	6	7
8	9	3	1	6	4	7	2	5
2	5	4	7	9	3	1	8	6
1	7	6	5	8	2	4	9	3
9	4	5	2	7	6	3	1	8
7	8	1	3	5	9	6	4	2
6	3	2	8	4	1	5	7	9

Answer 75

5	4	1	9	6	8	2	3	7
9	6	2	4	7	3	8	5	1
7	8	3	2	5	1	4	9	6
2	1	9	8	4	5	6	7	3
6	5	8	3	2	7	9	1	4
4	3	7	1	9	6	5	8	2
8	7	5	6	3	2	1	4	9
1	9	6	7	8	4	3	2	5
3	2	4	5	1	9	7	6	8

Answer 76

6	9	3	4	1	8	2	7	5
4	8	1	5	2	7	9	3	6
5	7	2	6	9	3	8	1	4
7	3	9	1	4	5	6	8	2
8	5	4	2	3	6	1	9	7
1	2	6	7	8	9	4	5	3
9	4	8	3	7	2	5	6	1
3	1	5	8	6	4	7	2	9
2	6	7	9	5	1	3	4	8

Answer 77

6	2	4	8	9	7	1	3	5
8	5	3	2	1	4	6	7	9
9	1	7	6	3	5	8	2	4
3	8	9	1	4	2	7	5	6
1	4	5	9	7	6	3	8	2
7	6	2	5	8	3	4	9	1
4	3	6	7	2	9	5	1	8
2	7	1	4	5	8	9	6	3
5	9	8	3	6	1	2	4	7

Answer 78

1	9	4	7	5	3	6	2	8
3	5	2	9	6	8	1	7	4
7	6	8	4	2	1	3	9	5
2	8	1	3	7	5	4	6	9
6	4	3	1	9	2	8	5	7
9	7	5	8	4	6	2	3	1
5	3	9	6	1	4	7	8	2
8	1	7	2	3	9	5	4	6
4	2	6	5	8	7	9	1	3

Answer 79

6	8	7	1	3	5	2	9	4
1	9	2	8	4	7	3	6	5
4	5	3	6	2	9	7	8	1
3	4	1	9	6	2	8	5	7
8	2	6	7	5	4	9	1	3
9	7	5	3	8	1	4	2	6
2	3	8	4	1	6	5	7	9
7	6	4	5	9	8	1	3	2
5	1	9	2	7	3	6	4	8

Answer 80

2	3	8	9	7	1	6	5	4
5	1	6	4	8	2	7	9	3
9	4	7	6	5	3	2	8	1
7	8	5	3	1	6	4	2	9
3	9	1	8	2	4	5	7	6
4	6	2	5	9	7	1	3	8
8	2	3	1	6	5	9	4	7
6	5	9	7	4	8	3	1	2
1	7	4	2	3	9	8	6	5

Answer 81

8	1	9	4	5	6	3	7	2
6	3	7	1	2	8	5	4	9
2	5	4	9	3	7	6	8	1
9	4	6	3	7	1	2	5	8
5	8	1	2	6	4	9	3	7
3	7	2	5	8	9	1	6	4
4	2	5	7	9	3	8	1	6
1	9	8	6	4	5	7	2	3
7	6	3	8	1	2	4	9	5

Answer 82

1	7	2	5	6	3	4	9	8
8	9	6	7	4	2	1	5	3
5	3	4	8	9	1	6	7	2
7	6	8	3	5	9	2	4	1
3	4	1	2	7	8	9	6	5
2	5	9	6	1	4	8	3	7
4	8	3	9	2	5	7	1	6
9	2	7	1	3	6	5	8	4
6	1	5	4	8	7	3	2	9

Answer 83

7	2	1	3	6	9	8	5	4
8	6	9	4	7	5	3	2	1
5	4	3	8	2	1	6	7	9
6	7	2	1	9	8	5	4	3
3	5	8	2	4	6	9	1	7
9	1	4	5	3	7	2	6	8
1	3	6	7	8	2	4	9	5
4	9	5	6	1	3	7	8	2
2	8	7	9	5	4	1	3	6

Answer 84

8	1	9	3	6	5	4	2	7
2	7	5	8	1	4	3	9	6
3	6	4	2	7	9	5	1	8
5	4	3	7	8	1	9	6	2
9	8	6	4	2	3	7	5	1
1	2	7	5	9	6	8	3	4
7	9	1	6	3	8	2	4	5
6	5	2	9	4	7	1	8	3
4	3	8	1	5	2	6	7	9

Answer 85

3	4	5	2	6	7	8	1	9
9	2	1	8	5	3	6	7	4
7	8	6	1	9	4	5	3	2
8	3	7	4	2	5	1	9	6
2	5	9	6	7	1	3	4	8
6	1	4	3	8	9	7	2	5
5	9	2	7	3	6	4	8	1
4	6	3	9	1	8	2	5	7
1	7	8	5	4	2	9	6	3

Answer 86

8	4	5	6	2	7	9	3	1
2	9	1	5	4	3	8	7	6
6	7	3	1	9	8	5	4	2
1	2	9	8	5	4	7	6	3
4	6	7	3	1	9	2	5	8
3	5	8	7	6	2	1	9	4
5	1	2	9	3	6	4	8	7
9	8	6	4	7	1	3	2	5
7	3	4	2	8	5	6	1	9

Answer 87

7	1	2	9	4	6	8	3	5
6	3	4	5	1	8	9	7	2
9	8	5	3	7	2	1	4	6
1	9	6	2	8	7	4	5	3
5	7	3	4	6	9	2	8	1
4	2	8	1	3	5	7	6	9
3	5	7	8	9	1	6	2	4
2	6	1	7	5	4	3	9	8
8	4	9	6	2	3	5	1	7

Answer 88

3	5	2	9	8	4	6	7	1
9	6	8	1	7	2	4	3	5
7	4	1	5	3	6	8	2	9
8	3	6	7	2	1	9	5	4
4	7	9	3	5	8	2	1	6
2	1	5	4	6	9	7	8	3
6	2	3	8	9	5	1	4	7
1	9	7	2	4	3	5	6	8
5	8	4	6	1	7	3	9	2

Answer 89

4	2	6	5	3	7	1	9	8
3	8	9	6	1	2	4	5	7
5	1	7	9	4	8	2	6	3
7	5	1	2	6	3	8	4	9
2	4	3	8	9	5	6	7	1
9	6	8	4	7	1	5	3	2
8	9	2	3	5	4	7	1	6
1	3	4	7	8	6	9	2	5
6	7	5	1	2	9	3	8	4

Answer 90

5	8	6	7	9	4	2	1	3
1	2	4	8	6	3	5	9	7
9	3	7	2	5	1	6	4	8
7	6	3	4	2	9	8	5	1
4	5	2	3	1	8	7	6	9
8	9	1	5	7	6	3	2	4
2	7	9	1	8	5	4	3	6
3	1	5	6	4	7	9	8	2
6	4	8	9	3	2	1	7	5

Answer 91

1	7	8	6	5	9	3	2	4
5	2	4	1	3	7	6	8	9
9	6	3	8	4	2	1	5	7
6	8	9	5	1	3	4	7	2
2	1	5	7	6	4	9	3	8
3	4	7	2	9	8	5	1	6
8	3	1	4	7	6	2	9	5
7	9	6	3	2	5	8	4	1
4	5	2	9	8	1	7	6	3

Answer 92

4	6	2	9	5	1	8	3	7
7	5	1	3	2	8	9	4	6
8	9	3	4	7	6	5	1	2
5	2	6	8	3	4	1	7	9
3	1	8	2	9	7	6	5	4
9	7	4	1	6	5	2	8	3
6	3	5	7	1	9	4	2	8
2	4	9	5	8	3	7	6	1
1	8	7	6	4	2	3	9	5

Answer 93

3	2	5	1	7	4	6	8	9
9	1	6	2	8	5	4	3	7
7	8	4	9	3	6	1	2	5
6	3	1	5	4	2	7	9	8
8	4	2	6	9	7	3	5	1
5	9	7	3	1	8	2	6	4
2	7	9	8	6	1	5	4	3
1	5	8	4	2	3	9	7	6
4	6	3	7	5	9	8	1	2

Answer 94

3	8	9	2	1	5	6	4	7
5	7	1	4	9	6	2	3	8
4	6	2	7	8	3	9	1	5
7	2	6	5	3	1	4	8	9
9	5	3	8	6	4	1	7	2
8	1	4	9	7	2	3	5	6
1	4	8	6	5	9	7	2	3
2	9	7	3	4	8	5	6	1
6	3	5	1	2	7	8	9	4

Answer 95

6	5	1	9	2	4	7	3	8
9	2	8	3	1	7	6	5	4
4	7	3	8	5	6	2	9	1
8	1	4	5	6	9	3	7	2
7	9	5	2	3	1	4	8	6
2	3	6	4	7	8	9	1	5
1	6	9	7	8	2	5	4	3
5	8	7	6	4	3	1	2	9
3	4	2	1	9	5	8	6	7

Answer 96

9	6	8	1	3	5	2	4	7
1	3	7	8	4	2	9	5	6
4	2	5	9	6	7	3	8	1
7	8	2	6	1	3	4	9	5
3	1	4	5	9	8	7	6	2
5	9	6	2	7	4	8	1	3
8	7	9	3	5	1	6	2	4
6	4	1	7	2	9	5	3	8
2	5	3	4	8	6	1	7	9

Answer 97

2	1	3	9	5	4	7	8	6
9	7	8	6	1	2	5	3	4
5	6	4	3	7	8	2	9	1
4	2	1	7	8	5	3	6	9
6	9	5	1	4	3	8	2	7
8	3	7	2	9	6	1	4	5
1	8	2	5	6	9	4	7	3
3	5	6	4	2	7	9	1	8
7	4	9	8	3	1	6	5	2

Answer 98

1	2	7	3	9	6	4	8	5
3	9	6	4	5	8	7	1	2
5	8	4	7	2	1	3	9	6
4	1	3	8	6	5	9	2	7
9	6	5	2	3	7	8	4	1
8	7	2	9	1	4	5	6	3
2	5	9	1	4	3	6	7	8
6	4	8	5	7	2	1	3	9
7	3	1	6	8	9	2	5	4

Answer 99

9	2	3	6	5	7	4	1	8
6	8	4	9	1	3	2	5	7
1	7	5	2	4	8	6	3	9
3	1	7	8	2	4	5	9	6
8	5	2	3	6	9	1	7	4
4	6	9	5	7	1	3	8	2
7	9	6	1	3	2	8	4	5
2	4	1	7	8	5	9	6	3
5	3	8	4	9	6	7	2	1

Answer 100

3	4	7	5	2	1	8	6	9
1	9	6	8	4	3	7	2	5
8	5	2	9	6	7	1	3	4
2	8	5	6	7	9	3	4	1
6	7	4	1	3	8	9	5	2
9	1	3	4	5	2	6	7	8
7	3	1	2	8	4	5	9	6
5	2	8	3	9	6	4	1	7
4	6	9	7	1	5	2	8	3

Answer 101

4	9	2	6	3	7	5	8	1
7	8	3	5	9	1	2	4	6
1	6	5	2	4	8	9	3	7
6	3	4	1	8	9	7	5	2
9	7	8	4	2	5	6	1	3
5	2	1	7	6	3	8	9	4
3	4	9	8	7	6	1	2	5
8	5	6	3	1	2	4	7	9
2	1	7	9	5	4	3	6	8

Answer 102

6	8	1	2	3	7	4	5	9
4	9	7	5	6	8	2	3	1
3	2	5	1	9	4	6	7	8
5	1	3	4	8	6	7	9	2
9	7	8	3	1	2	5	4	6
2	6	4	7	5	9	8	1	3
8	5	6	9	4	3	1	2	7
1	3	2	6	7	5	9	8	4
7	4	9	8	2	1	3	6	5

Answer 103

6	8	1	2	5	3	9	7	4
9	5	4	1	6	7	3	8	2
2	3	7	8	9	4	1	5	6
4	2	5	6	3	9	8	1	7
8	7	3	4	2	1	6	9	5
1	9	6	7	8	5	4	2	3
7	4	2	3	1	8	5	6	9
3	1	9	5	7	6	2	4	8
5	6	8	9	4	2	7	3	1

Answer 104

8	4	2	5	6	7	9	3	1
3	7	5	1	8	9	6	2	4
9	6	1	2	4	3	7	8	5
5	9	6	8	1	2	4	7	3
2	8	7	9	3	4	5	1	6
1	3	4	6	7	5	2	9	8
7	5	8	4	9	1	3	6	2
4	1	3	7	2	6	8	5	9
6	2	9	3	5	8	1	4	7

Answer 105

7	1	8	6	9	5	3	2	4
2	9	3	4	1	7	6	8	5
5	4	6	3	2	8	9	1	7
6	3	2	5	4	9	1	7	8
8	7	4	1	3	6	5	9	2
9	5	1	8	7	2	4	3	6
4	8	9	2	5	3	7	6	1
1	6	7	9	8	4	2	5	3
3	2	5	7	6	1	8	4	9

Answer 106

3	7	2	1	4	6	8	5	9
8	5	9	3	7	2	4	6	1
6	1	4	8	9	5	3	7	2
9	3	5	4	1	7	6	2	8
2	6	1	5	8	9	7	4	3
7	4	8	6	2	3	9	1	5
5	9	7	2	6	8	1	3	4
4	2	6	9	3	1	5	8	7
1	8	3	7	5	4	2	9	6

Answer 107

6	2	3	1	5	9	4	8	7
4	9	8	7	3	2	5	1	6
1	7	5	4	6	8	3	2	9
9	3	7	5	2	6	1	4	8
5	1	2	8	4	7	9	6	3
8	6	4	3	9	1	2	7	5
7	5	9	2	8	4	6	3	1
2	8	6	9	1	3	7	5	4
3	4	1	6	7	5	8	9	2

Answer 108

4	9	8	3	1	7	2	5	6
6	7	2	8	4	5	1	3	9
1	5	3	9	2	6	8	4	7
8	1	9	4	7	3	5	6	2
2	3	4	6	5	8	9	7	1
5	6	7	1	9	2	3	8	4
3	4	6	2	8	9	7	1	5
9	8	5	7	6	1	4	2	3
7	2	1	5	3	4	6	9	8

Answer 109

4	6	3	5	8	9	7	2	1
7	8	9	6	2	1	3	5	4
1	5	2	7	4	3	9	8	6
3	1	7	8	5	6	4	9	2
8	4	5	9	1	2	6	7	3
2	9	6	3	7	4	8	1	5
6	2	1	4	9	7	5	3	8
9	3	8	2	6	5	1	4	7
5	7	4	1	3	8	2	6	9

Answer 110

8	4	5	3	2	7	6	9	1
9	6	7	5	4	1	2	3	8
1	2	3	6	8	9	4	5	7
5	7	2	4	1	6	9	8	3
6	1	9	2	3	8	5	7	4
4	3	8	7	9	5	1	6	2
3	5	1	9	7	2	8	4	6
7	8	6	1	5	4	3	2	9
2	9	4	8	6	3	7	1	5

Answer 111

6	8	7	4	2	9	3	1	5
3	5	1	6	7	8	9	4	2
4	9	2	1	5	3	7	6	8
2	4	6	9	8	5	1	7	3
7	3	9	2	6	1	8	5	4
8	1	5	7	3	4	6	2	9
1	7	3	8	4	2	5	9	6
9	2	8	5	1	6	4	3	7
5	6	4	3	9	7	2	8	1

SUDOKU
8
6
4
9
1

초판 1쇄 인쇄 2008년 4월 10일
초판 3쇄 발행 2009년 3월 30일

편　저 | 니콜리
펴낸이 | 양봉숙
편　집 | 김윤희
디자인 | 김선희
마케팅 | 이주철

펴낸곳 | 예스북
출판등록 | 2005년 3월 21일 제320-2005-25호
주소 | 서울시 마포구 노고산동 57-46 아이스페이스 1107호
전화 | (02) 337-3053
팩스 | (02) 337-3054
E-mail | yesbooks@naver.com
홈페이지 | www.e-yesbook.co.kr

ISBN 978-89-92197-30-4 14410
ISBN 978-89-92197-28-1 (세트)

8 6 4 9 1

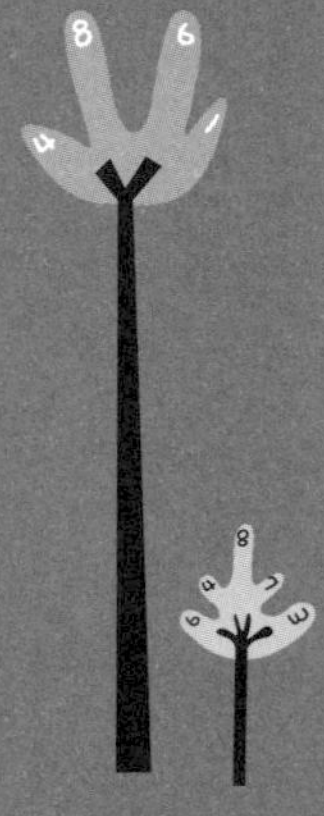